ぺんたと小春の めんどい まちがいさがし

ちいサイズ 星の巻

まちがいだらけのタイムトリップに出発！

製作所
factory

版

JN082061

ぺんたがライオンさんといっしょに眠（ねむ）っているよ。

楽（たの）しい未来（みらい）の街（まち）の夢（ゆめ）を見（み）ているみたい。

4

あれ？　夢の中が変わっちゃったよ。
右の夢とどこがちがうかな？　まちがいは30個だよ。

こたえ
62ページ

5

地球に生命が誕生したカンブリア紀の海の中

たくさんの恐竜たちが暮らす白亜紀のアメリカ

猿人アウストラロピテクスがいるアフリカ

クロマニョン人が暮らす旧石器時代のフランス

おとし
あな

おとしあな

土器を作りはじめた縄文時代の日本

神聖なエジプト文明が栄えたナイル川流域

偉大なるマヤ文明が生まれたメキシコ

パルテノン神殿が建てられた古代ギリシア

アレクサンドロス大王が遠征を進める西アジア

22

秦の始皇帝がはじめて天下統一した中国

交易が盛んなエキゾチックなシルクロード

コロッセオや公衆浴場がにぎわうローマ帝国

聖徳太子が法隆寺を建てたころの日本

チンギスハンが大きな力をもつモンゴル

32

美しいアルハムブラ宮殿が建てられたスペイン

万里の長城を再建する明王朝時代の中国

コロンブスが海へ出た大航海時代の北太平洋

芸術が生まれたルネサンス期のイタリア

人々の活気があふれる江戸時代の日本

音楽家たちが活躍する華やかなウィーン

ナポレオンが皇帝になった革命後のフランス

46

ゴールド・ラッシュ！ 大開拓時代のアメリカ

南極探検家と動物たちでにぎわう南極大陸

ドミノ倒しがブームになったヨーロッパのどこか

スタート

ゴール

52

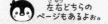

夕日がきれいな古き良き昭和の日本

いろいろな国がひとつになる100年後の地球

多種多様な星の生物がすむ200年後の火星

おまけチャレンジ　小さすぎるコレをさがして！　左右どちらのページもあるよぉ。

見つけた数　月　日　個

自由に楽しく暮らせる300年後の宇宙都市

こたえのページ

4〜5ページ

夢の中のまちがいさがし
まちがい30個

本のページを表す数字は
右のページだけに
入っているんだってぇ。

でも、それは
まちがいのカウントには
入らないルールだよぉ。

♛ まちがいのマル 　　◯

♛ おまけチャレンジの
　マル（Q1から）　　◯

62

01 まちがい10個

02 まちがい20個

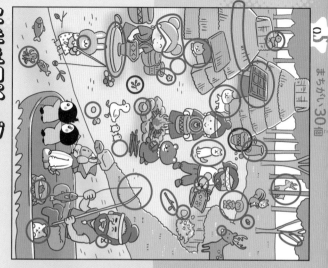

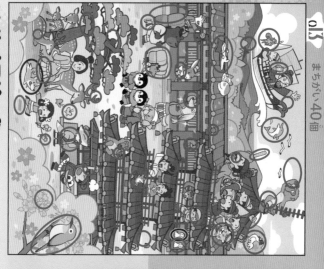

13 まちがい40個

14 まちがい40個

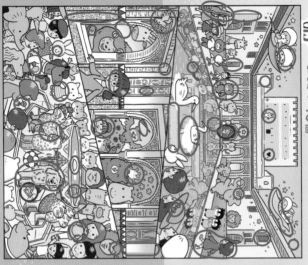

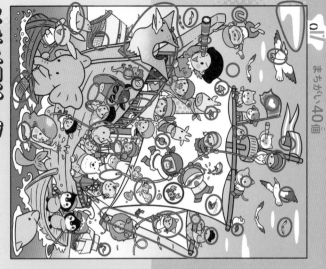

72

Q21 まちがい60個

Q22 まちがい70個

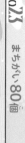

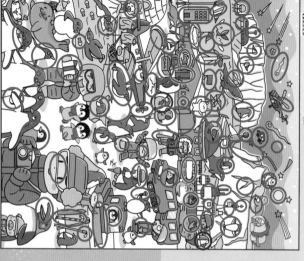

まちがい80個

0.23

まちがい80個

0.24

スタート

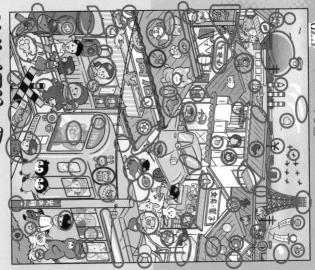

まちがいさがし どれだけできたかな？

全部終わったら、ここに見つけた数を
まとめてみよう。いくつ見つけられたかな？
あなたは、天才…いや、超人!?

01 /10	02 /20	03 /30	04 /30	05 /30	06 /30	07 /30
08 /30	09 /30	010 /30	011 /40	012 /40	013 /40	014 /40
015 /40	016 /40	017 /40	018 /40	019 /40	020 /50	021 /60
022 /70	023 /80	024 /80	025 /90	026 /100	027 /110	028 /120

 4〜5ページ 夢の中のまちがいさがし /30

全部で /1420

結果

0〜200個	あれ？ 見落としてない？
201〜500個	じっくり確認！
501〜800個	よくがんばったね♪
801〜1000個	とってもするどい!!
1001〜1200個	すごい！ 才能あるね♥
1201〜1419個	スーパーエリート!!
1420個	天才…いや、超人!?

いつか歴史に名を
残しちゃうかもぉ♪

ちいサイズ ぺんたと小春の
めんどいまちがいさがし
星の巻

2024年3月20日　初版印刷
2024年3月30日　初版発行

発行人　黒川精一
発行所　株式会社サンマーク出版
　　　　〒169-0074
　　　　東京都新宿区北新宿2-21-1
　　　　電話　03-5348-7800
印刷　　共同印刷株式会社
製本　　株式会社若林製本工場

バー・本文デザイン・DTP
三々木恵実(株式会社ダグハウス)
バーイラスト
ずのみなつ
文イラスト＜五十音順＞
ずのみなつ
夢の中のまちがいさがし・
んたと小春
るおかめぐみ
（Q2,6,8,9,12,16,19,20,23,24,28）
瀬瞳（Q1,4,5,11,14,18,21,26）
らいうたの（Q7,10,15,17,22,25）
永ピザ（Q3,13,27）
正
本　薫
集協力
式会社スリーシーズン(吉原朋江)

本書は『ぺんたと小春のめんどいまちがいさがし３』に
『ぺんたと小春のめんどいまちがいさがしBIG２』のQを
加えて再編集したものです。

製作「ペンギン飛行機製作所」の所員たち

●所長：黒川精一
●所員：新井俊晴、池田るり子、岸田健児、
　　　　酒見亜光、浅川紗也加、荒井　聡、
　　　　荒木　宰、吉田　翼、戸田江美、
　　　　はっとりみどり、鈴木江実子、山守麻衣